中式點心料理

職人手札

藍天老師

2022-2023
COOKING NOTE

姓名 / name

手機 / mobile phone

電子信箱 / e-mail

地址 / address

LINE / LINE ID

CONTENTS 目錄

2022

1 January

一	二	三	四	五	六	日
					1	2
3	4	5	6	7	8	9
10	11	12	13	14	15	16
17	18	19	20	21	22	23
24	25	26	27	28	29	30
31						

2 February

一	二	三	四	五	六	日
	1	2	3	4	5	6
7	8	9	10	11	12	13
14	15	16	17	18	19	20
21	22	23	24	25	26	27
28						

3 March

一	二	三	四	五	六	日
	1	2	3	4	5	6
7	8	9	10	11	12	13
14	15	16	17	18	19	20
21	22	23	24	25	26	27
28	29	30	31			

4 April

一	二	三	四	五	六	日
				1	2	3
4	5	6	7	8	9	10
11	12	13	14	15	16	17
18	19	20	21	22	23	24
25	26	27	28	29	30	

5 May

一	二	三	四	五	六	日
						1
2	3	4	5	6	7	8
9	10	11	12	13	14	15
16	17	18	19	20	21	22
23	24	25	26	27	28	29
30	31					

6 June

一	二	三	四	五	六	日
		1	2	3	4	5
6	7	8	9	10	11	12
13	14	15	16	17	18	19
20	21	22	23	24	25	26
27	28	29	30			

7 July

一	二	三	四	五	六	日
				1	2	3
4	5	6	7	8	9	10
11	12	13	14	15	16	17
18	19	20	21	22	23	24
25	26	27	28	29	30	31

8 August

一	二	三	四	五	六	日
1	2	3	4	5	6	7
8	9	10	11	12	13	14
15	16	17	18	19	20	21
22	23	24	25	26	27	28
29	30	31				

9 Septemper

一	二	三	四	五	六	日
			1	2	3	4
5	6	7	8	9	10	11
12	13	14	15	16	17	18
19	20	21	22	23	24	25
26	27	28	29	30		

10 October

一	二	三	四	五	六	日
					1	2
3	4	5	6	7	8	9
10	11	12	13	14	15	16
17	18	19	20	21	22	23
24	25	26	27	28	29	30
31						

11 November

一	二	三	四	五	六	日
	1	2	3	4	5	6
7	8	9	10	11	12	13
14	15	16	17	18	19	20
21	22	23	24	25	26	27
28	29	30				

12 December

一	二	三	四	五	六	日
			1	2	3	4
5	6	7	8	9	10	11
12	13	14	15	16	17	18
19	20	21	22	23	24	25
26	27	28	29	30	31	

2023

1 January

一	二	三	四	五	六	日
						1
2	3	4	5	6	7	8
9	10	11	12	13	14	15
16	17	18	19	20	21	22
23	24	25	26	27	28	29
30	31					

2 February

一	二	三	四	五	六	日
		1	2	3	4	5
6	7	8	9	10	11	12
13	14	15	16	17	18	19
20	21	22	23	24	25	26
27	28					

3 March

一	二	三	四	五	六	日
		1	2	3	4	5
6	7	8	9	10	11	12
13	14	15	16	17	18	19
20	21	22	23	24	25	26
27	28	29	30	31		

4 April

一	二	三	四	五	六	日
					1	2
3	4	5	6	7	8	9
10	11	12	13	14	15	16
17	18	19	20	21	22	23
24	25	26	27	28	29	30

5 May

一	二	三	四	五	六	日
1	2	3	4	5	6	7
8	9	10	11	12	13	14
15	16	17	18	19	20	21
22	23	24	25	26	27	28
29	30	31				

6 June

一	二	三	四	五	六	日
			1	2	3	4
5	6	7	8	9	10	11
12	13	14	15	16	17	18
19	20	21	22	23	24	25
26	27	28	29	30		

7 July

一	二	三	四	五	六	日
					1	2
3	4	5	6	7	8	9
10	11	12	13	14	15	16
17	18	19	20	21	22	23
24	25	26	27	28	29	30
31						

8 August

一	二	三	四	五	六	日
	1	2	3	4	5	6
7	8	9	10	11	12	13
14	15	16	17	18	19	20
21	22	23	24	25	26	27
28	29	30	31			

9 Septemper

一	二	三	四	五	六	日
				1	2	3
4	5	6	7	8	9	10
11	12	13	14	15	16	17
18	19	20	21	22	23	24
25	26	27	28	29	30	

10 October

一	二	三	四	五	六	日
						1
2	3	4	5	6	7	8
9	10	11	12	13	14	15
16	17	18	19	20	21	22
23	24	25	26	27	28	29
30	31					

11 November

一	二	三	四	五	六	日
		1	2	3	4	5
6	7	8	9	10	11	12
13	14	15	16	17	18	19
20	21	22	23	24	25	26
27	28	29	30			

12 December

一	二	三	四	五	六	日
				1	2	3
4	5	6	7	8	9	10
11	12	13	14	15	16	17
18	19	20	21	22	23	24
25	26	27	28	29	30	31

2022 年度計畫表

	1 JAN	2 FEB	3 MAR	4 APR	5 MAY	6 JUN
1	元旦	春節			勞動節	
2		初二				
3		初三				端午節
4		初四		兒童節		
5		初五		清明節		
6						
7						
8			婦女節		母親節	
9						
10						
11						
12						
13						
14		西洋情人節				
15		元宵節				
16						
17						
18						
19						
20						
21						
22	特殊上班日					
23						
24						
25						
26						
27						
28		和平紀念日				
29						
30						
31	除夕					

7 JUL	8 AUG	9 SPET	10 OCT	11 NOV	12 DEC	
						1
						2
						3
	七夕情人節		重陽節			4
						5
						6
						7
	父親節					8
		中秋節				9
			國慶日			10
						11
						12
						13
						14
						15
						16
						17
						18
						19
						20
						21
						22
						23
						24
					行憲紀念日	25
						26
						27
		教師節				28
						29
						30
						31

2023 年度計畫表

	1 JAN	2 FEB	3 MAR	4 APR	5 MAY	6 JUN
1	元旦				勞動節	
2						
3				彈性放假		
4				兒童節		
5		元宵節		清明節		
6						
7						
8			婦女節			
9						
10						
11						
12						
13						
14	特殊上班日	西洋情人節			母親節	
15						
16						
17						特殊上班日
18		特殊上班日				
19						
20						
21	除夕					
22	春節					端午節
23	初二					彈性放假
24	初三					
25	初四		特殊上班日			
26	初五					
27	彈性放假	彈性放假				
28		和平紀念日				
29						
30						
31						

7 JUL	8 AUG	9 SPET	10 OCT	11 NOV	12 DEC	
						1
						2
						3
						4
						5
						6
						7
		父親節				8
			彈性放假			9
			國慶日			10
						11
						12
						13
						14
						15
						16
						17
						18
						19
						20
						21
		七夕情人節				22
		特殊上班日	重陽節			23
						24
					行憲紀念日	25
						26
						27
		教師節				28
		中秋節				29
						30
						31

MON	TUE	WED	THU
27 廿四	28 廿五	29 廿六	30 廿七
3 初一	4 初二	5 小寒	6 初四
10 初八	11 初九	12 初十	13 十一
17 十五	18 十六	19 十七	20 大寒
24 廿二	25 廿三	26 廿四	27 廿五
31 除夕			

1

FRI	SAT	SUN
31 初八	1 元旦	2 三十
7 初五	8 初六	9 初七
14 十二	15 十三	16 十四
21 十九	22 二十	23 廿一
28 廿六	29 廿七	30 廿八

1

January
2022

12 December

M	T	W	T	F	S	S
			1	2	3	4	5
6	7	8	9	10	11	12
13	14	15	16	17	18	19
20	21	22	23	24	25	26
27	28	29	30	31		

2 February

M	T	W	T	F	S	S
	1	2	3	4	5	6
7	8	9	10	11	12	13
14	15	16	17	18	19	20
21	22	23	24	25	26	27
28						

MON	TUE	WED	THU
31 除夕	1 春節	2 初二	3 初三
7 初七	8 初八	9 初九	10 初十
14 十四 西洋情人節	15 十五 元宵節	16 十六	17 十七
21 廿一	22 廿二	23 廿三	24 廿四
28 廿八 和平紀念日			

FRI	SAT	SUN
4 立春	5 初五	6 初六
11 十一	12 十二	13 十三
18 十八	19 雨水	20 二十
25 廿五	26 廿六	27 廿七

2
February
2022

1 January

M	T	W	T	F	S	S
					1	2
3	4	5	6	7	8	9
10	11	12	13	14	15	16
17	18	19	20	21	22	23
24	25	26	27	28	29	30
31						

3 March

M	T	W	T	F	S	S
	1	2	3	4	5	6
7	8	9	10	11	12	13
14	15	16	17	18	19	20
21	22	23	24	25	26	27
28	29	30	31			

MON	TUE	WED	THU
28 廿八 和平紀念日	1 廿九	2 三十	3 初一
7 初五	8 初六 婦女節	9 初七	10 初八
14 十二	15 十三	16 十四	17 十五
21 十九	22 二十	23 廿一	24 廿二
28 廿六	29 廿七	30 廿八	31 廿九

FRI	SAT	SUN
4 初二	5 驚蟄	6 初四
11 初九	12 初十	13 十一
18 十六	19 十七	20 春分
25 廿三	26 廿四	27 廿五

3

March
2022

2 February

M	T	W	T	F	S	S
	1	2	3	4	5	6
7	8	9	10	11	12	13
14	15	16	17	18	19	20
21	22	23	24	25	26	27
28						

4 April

M	T	W	T	F	S	S
				1	2	3
4	5	6	7	8	9	10
11	12	13	14	15	16	17
18	19	20	21	22	23	24
25	26	27	28	29	30	

MON	TUE	WED	THU
28 廿六	29 廿七	30 廿八	31 廿九
4 初四 兒童節	5 清明節	6 初六	7 初七
11 十一	12 十二	13 十三	14 十四
18 十八	19 十九	20 穀雨	21 廿一
25 廿五	26 廿六	27 廿七	28 廿八

FRI	SAT	SUN
1 初一	2 初二	3 初三
8 初八	9 初九	10 初十
15 十五	16 十六	17 十七
22 廿二	23 廿三	24 廿四
29 廿九	30 三十	

4
April
2022

3 March

M	T	W	T	F	S	S
	1	2	3	4	5	6
7	8	9	10	11	12	13
14	15	16	17	18	19	20
21	22	23	24	25	26	27
28	29	30	31			

5 May

M	T	W	T	F	S	S
						1
2	3	4	5	6	7	8
9	10	11	12	13	14	15
16	17	18	19	20	21	22
23	24	25	26	27	28	29
30	31					

MON	TUE	WED	THU
25 廿五	26 廿六	27 廿七	28 廿八
2 初二	3 初三	4 初四	5 立夏
9 初九	10 初十	11 十一	12 十二
16 十六	17 十七	18 十八	19 十九
23 廿三	24 廿四	25 廿五	26 廿六
30 初一	31 初二		

5

FRI	SAT	SUN
29 廿九	30 三十	1 初一 勞動節
6 初六	7 初七	8 初八 母親節
13 十三	14 十四	15 十五
20 二十	21 小滿	22 廿二
27 廿七	28 廿八	29 廿九

5

May
2022

4 April

M	T	W	T	F	S	S
				1	2	3
4	5	6	7	8	9	10
11	12	13	14	15	16	17
18	19	20	21	22	23	24
25	26	27	28	29	30	

6 June

M	T	W	T	F	S	S
		1	2	3	4	5
6	7	8	9	10	11	12
13	14	15	16	17	18	19
20	21	22	23	24	25	26
27	28	29	30			

MON	TUE	WED	THU
30 初一	31 初二	1 初三	2 初四
6 芒種	7 初九	8 初十	9 十一
13 十五	14 十六	15 十七	16 十八
20 廿二	21 夏至	22 廿四	23 廿五
27 廿九	28 三十	29 初一	30 初二

FRI	SAT	SUN

6

June
2022

3 端午節	4 初六	5 初七
10 十二	11 十三	12 十四
17 十九	18 二十	19 廿一
24 廿六	25 廿七	26 廿八

MON	TUE	WED	THU
27 廿九	28 三十	29 初一	30 初二
4 初六	5 初七	6 初八	7 小暑
11 十三	12 十四	13 十五	14 十六
18 二十	19 廿一	20 廿二	21 廿三
25 廿七	26 廿八	27 廿九	28 三十

FRI	SAT	SUN
1 初三	2 初四	3 初五
8 初十	9 十一	10 十二
15 十七	16 十八	17 十九
22 廿四	23 大暑	24 廿六
29 初一 鬼門開	30 初二	31 初三

7

July
2022

6 June

M	T	W	T	F	S	S
		1	2	3	4	5
6	7	8	9	10	11	12
13	14	15	16	17	18	19
20	21	22	23	24	25	26
27	28	29	30			

8 August

M	T	W	T	F	S	S
1	2	3	4	5	6	7
8	9	10	11	12	13	14
15	16	17	18	19	20	21
22	23	24	25	26	27	28
29	30	31				

MON	TUE	WED	THU
1 初四	2 初五	3 初六	4 初七 七夕情人節
8 十一 父親節	9 十二	10 十三	11 十四
15 十八	16 十九	17 二十	18 廿一
22 廿五	23 處暑	24 廿七	25 廿八
29 初三	30 初四	31 初五	

FRI	SAT	SUN
5 初八	6 初九	7 立秋
12 十五 中元節	13 十六	14 十七
19 廿二	20 廿三	21 廿四
26 廿九 鬼門關	27 初一	28 初二

8
August
2022

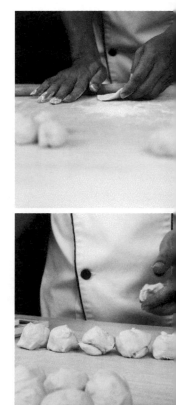

MON	TUE	WED	THU
29 初三	30 初四	31 初五	1 初六
5 初十	6 十一	7 白露	8 十三
12 十七	13 十八	14 十九	15 二十
19 廿四	20 廿五	21 廿六	22 廿七
26 初一	27 初二	28 初三 教師節	29 初四

FRI	SAT	SUN
2 初七	3 初八	4 初九
9 十四	10 中秋節	11 十六
16 廿一	17 廿二	18 廿三
23 秋分	24 廿九	25 三十
30 初五		

9
September
2022

8 August

M	T	W	T	F	S	S
1	2	3	4	5	6	7
8	9	10	11	12	13	14
15	16	17	18	19	20	21
22	23	24	25	26	27	28
29	30	31				

10 October

M	T	W	T	F	S	S
					1	2
3	4	5	6	7	8	9
10	11	12	13	14	15	16
17	18	19	20	21	22	23
24	25	26	27	28	29	30
31						

MON	TUE	WED	THU
26 初一	27 初二	28 初三 教師節	29 初四
3 初八	4 初九 重陽節	5 初十	6 十一
10 十五 國慶日	11 十六	12 十七	13 十八
17 廿二	18 廿三	19 廿四	20 廿五
24 廿九	25 初一	26 初二	27 初三
31 初七			

FRI	SAT	SUN
30 初五	1 初六	2 初七
7 十二	8 寒露	9 十四
14 十九	15 二十	16 廿一
21 廿六	22 廿七	23 霜降
28 初四	29 初五	30 初六

10
October
2022

9 Septemper

M	T	W	T	F	S	S
			1	2	3	4
5	6	7	8	9	10	11
12	13	14	15	16	17	18
19	20	21	22	23	24	25
26	27	28	29	30		

11 November

M	T	W	T	F	S	S
	1	2	3	4	5	6
7	8	9	10	11	12	13
14	15	16	17	18	19	20
21	22	23	24	25	26	27
28	29	30				

11

MON	TUE	WED	THU
31 初七	1 初八	2 初九	3 初十
7 立冬	8 十五	9 十六	10 十七
14 廿一	15 廿二	16 廿三	17 廿四
21 廿八	22 小雪	23 三十	24 初一
28 初五	29 初六	30 初七	

FRI	SAT	SUN
4　十一	5　十二	6　十三
11　十八	12　十九	13　二十
18　廿五	19　廿六	20　廿七
25　初二	26　初三	27　初四

11

November
2022

10 October

M	T	W	T	F	S	S
					1	2
3	4	5	6	7	8	9
10	11	12	13	14	15	16
17	18	19	20	21	22	23
24	25	26	27	28	29	30
31						

12 December

M	T	W	T	F	S	S
			1	2	3	4
5	6	7	8	9	10	11
12	13	14	15	16	17	18
19	20	21	22	23	24	25
26	27	28	29	30	31	

MON	TUE	WED	THU
28 初五	29 初六	30 初七	1 初八
5 十二	6 十三	7 大雪	8 十五
12 十九	13 二十	14 廿一	15 廿二
19 廿六	20 廿七	21 廿八	22 冬至
26 初四	27 初五	28 初六	29 初七

12

FRI	SAT	SUN
2 初九	3 初十	4 十一
9 十六	10 十七	11 十八
16 廿三	17 廿四	18 廿五
23 初一	24 初二	25 初三 行憲紀念日
30 初八	31 初九	

12
December
2022

11 November

M	T	W	T	F	S	S
	1	2	3	4	5	6
7	8	9	10	11	12	13
14	15	16	17	18	19	20
21	22	23	24	25	26	27
28	29	30				

1 January

M	T	W	T	F	S	S
						1
2	3	4	5	6	7	8
9	10	11	12	13	14	15
16	17	18	19	20	21	22
23	24	25	26	27	28	29
30	31					

MON	TUE	WED	THU
26 初四	27 初五	28 初六	29 初七
2 十一	3 十二	4 十三	5 小寒
9 十八	10 十九	11 二十	12 廿一
16 廿五	17 廿六	18 廿七	19 廿八
23 初二	24 初三	25 初四	26 初五
30 初九	31 初十		

1

FRI	SAT	SUN
30 初八	31 初九	1 元旦
6 十五	7 十六	8 十七
13 廿二	14 廿三	15 廿四
20 大寒	21 除夕	22 春節
27 初六	28 初七	29 初八

1
January
2023

12 December

M	T	W	T	F	S	S
			1	2	3	4
5	6	7	8	9	10	11
12	13	14	15	16	17	18
19	20	21	22	23	24	25
26	27	28	29	30	31	

2 February

M	T	W	T	F	S	S
		1	2	3	4	5
6	7	8	9	10	11	12
13	14	15	16	17	18	19
20	21	22	23	24	25	26
27	28					

MON	TUE	WED	THU
30 初九	31 初十	1 十一	2 十二
6 十六	7 十七	8 十八	9 十九
13 廿三	14 廿四 西洋情人節	15 廿五	16 廿六
20 初一	21 初二	22 初三	23 初四
27 初八	28 初九 和平紀念日		

FRI	SAT	SUN
3 十三	4 立春	5 十五 元宵節
10 二十	11 廿一	12 廿二
17 廿七	18 廿八	19 雨水
24 初五	25 初六	26 初七

2
February
2023

1 January

M	T	W	T	F	S	S
						1
2	3	4	5	6	7	8
9	10	11	12	13	14	15
16	17	18	19	20	21	22
23	24	25	26	27	28	29
30	31					

3 March

M	T	W	T	F	S	S
		1	2	3	4	5
6	7	8	9	10	11	12
13	14	15	16	17	18	19
20	21	22	23	24	25	26
27	28	29	30	31		

MON	TUE	WED	THU
27 初八	28 初九 烈士纪念日	1 初十	2 十一
6 驚蟄	7 十六	8 十七 婦女節	9 十八
13 廿二	14 廿三	15 廿四	16 廿五
20 廿九	21 春分	22 初一	23 初二
27 初六	28 初七	29 初八	30 初九

FRI	SAT	SUN
3 十二	4 十三	5 十四
10 十九	11 二十	12 廿一
17 廿六	18 廿七	19 廿八
24 初三	25 初四	26 初五
31 初十		

3

March
2023

2 February

M	T	W	T	F	S	S
		1	2	3	4	5
6	7	8	9	10	11	12
13	14	15	16	17	18	19
20	21	22	23	24	25	26
27	28					

4 April

M	T	W	T	F	S	S
					1	2
3	4	5	6	7	8	9
10	11	12	13	14	15	16
17	18	19	20	21	22	23
24	25	26	27	28	29	30

MON	TUE	WED	THU
27 初六	28 初七	29 初八	30 初九
3 十三	4 十四 兒童節	5 清明節	6 十六
10 二十	11 廿一	12 廿二	13 廿三
17 廿七	18 廿八	19 廿九	20 穀雨
24 初五	25 初六	26 初七	27 初八

4

FRI	SAT	SUN
31 初十	1 十一	2 十二
7 十七	8 十八	9 十九
14 廿四	15 廿五	16 廿六
21 初二	22 初三	23 初四
28 初九	29 初十	30 十一

4

April
2023

3 March

M	T	W	T	F	S	S
		1	2	3	4	5
6	7	8	9	10	11	12
13	14	15	16	17	18	19
20	21	22	23	24	25	26
27	28	29	30	31		

5 May

M	T	W	T	F	S	S
1	2	3	4	5	6	7
8	9	10	11	12	13	14
15	16	17	18	19	20	21
22	23	24	25	26	27	28
29	30	31				

MON	TUE	WED	THU
1　十二 勞動節	2　十三	3　十四	4　十五
8　十九	9　二十	10　廿一	11　廿二
15　廿六	16　廿七	17　廿八	18　廿九
22　初四	23　初五	24　初六	25　初七
29　十一	30　十二	31　十三	

FRI	SAT	SUN
5　十六	6　立夏	7　十八
12　廿三	13　廿四	14　廿五 母親節
19　初一	20　初二	21　小滿
26　初八	27　初九	28　初十

5

May
2023

4 April

M	T	W	T	F	S	S
					1	2
3	4	5	6	7	8	9
10	11	12	13	14	15	16
17	18	19	20	21	22	23
24	25	26	27	28	29	30

6 June

M	T	W	T	F	S	S
			1	2	3	4
5	6	7	8	9	10	11
12	13	14	15	16	17	18
19	20	21	22	23	24	25
26	27	28	29	30		

MON	TUE	WED	THU
29 十一	30 十二	31 十三	1 十四
5 十八	6 芒種	7 二十	8 廿一
12 廿五	13 廿六	14 廿七	15 廿八
19 初二	20 初三	21 夏至	22 端午節
26 初九	27 初十	28 十一	29 十二

FRI	SAT	SUN
2 十五	3 十六	4 十七
9 廿二	10 廿三	11 廿四
16 廿九	17 三十	18 初一
23 初六	24 初七	25 初八
30 十三		

6

June
2023

5 May

M	T	W	T	F	S	S
1	2	3	4	5	6	7
8	9	10	11	12	13	14
15	16	17	18	19	20	21
22	23	24	25	26	27	28
29	30	31				

7 July

M	T	W	T	F	S	S
					1	2
3	4	5	6	7	8	9
10	11	12	13	14	15	16
17	18	19	20	21	22	23
24	25	26	27	28	29	30
31						

MON	TUE	WED	THU
26 初九	27 初十	28 十一	29 十二
3 十六	4 十七	5 十八	6 十九
10 廿三	11 廿四	12 廿五	13 廿六
17 三十	18 初一	19 初二	20 初三
24 初七	25 初八	26 初九	27 初十
31 十四			

FRI	SAT	SUN
30 十三	1 十四	2 十五
7 小暑	8 廿一	9 廿二
14 廿七	15 廿八	16 廿九
21 初四	22 初五	23 大暑
28 十一	29 十二	30 十三

7

July
2023

6 June

M	T	W	T	F	S	S
			1	2	3	4
5	6	7	8	9	10	11
12	13	14	15	16	17	18
19	20	21	22	23	24	25
26	27	28	29	30		

8 August

M	T	W	T	F	S	S
	1	2	3	4	5	6
7	8	9	10	11	12	13
14	15	16	17	18	19	20
21	22	23	24	25	26	27
28	29	30	31			

MON	TUE	WED	THU
31 十四	1 十五	2 十六	3 十七
7 廿一	8 立秋 父親節	9 廿三	10 廿四
14 廿八	15 廿九	16 初一 鬼門開	17 初二
21 初六	22 初七 七夕情人節	23 處暑	24 初九
28 十三	29 十四	30 十五 中元節	31 十六

FRI	SAT	SUN
4 十八	5 十九	6 二十
11 廿五	12 廿六	13 廿七
18 初三	19 初四	20 初五
25 初十	26 十一	27 十二

8

August
2023

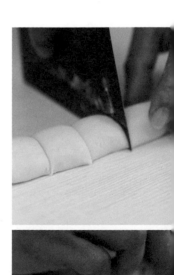

7 July

M	T	W	T	F	S	S
					1	2
3	4	5	6	7	8	9
10	11	12	13	14	15	16
17	18	19	20	21	22	23
24	25	26	27	28	29	30
31						

9 Septemper

M	T	W	T	F	S	S
				1	2	3
4	5	6	7	8	9	10
11	12	13	14	15	16	17
18	19	20	21	22	23	24
25	26	27	28	29	30	

MON	TUE	WED	THU
28 十三	29 十四	30 十五 中元節	31 十六
4 二十	5 廿一	6 廿二	7 廿三
11 廿七	12 廿八	13 廿九	14 三十 鬼門關
18 初四	19 初五	20 初六	21 初七
25 十一	26 十二	27 十三	28 十四

FRI	SAT	SUN
1 十七	2 十八	3 十九
8 白露	9 廿五	10 廿六
15 初一	16 初二	17 初三
22 初八	23 秋分	24 初十
29 中秋節	30 十六	

9

September
2023

8 August

M	T	W	T	F	S	S
	1	2	3	4	5	6
7	8	9	10	11	12	13
14	15	16	17	18	19	20
21	22	23	24	25	26	27
28	29	30	31			

10 October

M	T	W	T	F	S	S
						1
2	3	4	5	6	7	8
9	10	11	12	13	14	15
16	17	18	19	20	21	22
23	24	25	26	27	28	29
30	31					

MON	TUE	WED	THU
25 十一	26 十二	27 十三	28 十四
2 十八	3 十九	4 二十	5 廿一
9 廿五	10 廿六 國慶日	11 廿七	12 廿八
16 初二	17 初三	18 初四	19 初五
23 初九 重陽節	24 霜降	25 十一	26 十二
30 十六	31 十七		

FRI	SAT	SUN
29 中秋節	30 十六	1 十七
6 廿二	7 廿三	8 寒露
13 廿九	14 三十	15 初一
20 初六	21 初七	22 初八
27 十三	28 十四	29 十五

10

October
2023

9 Septemper

M	T	W	T	F	S	S
				1	2	3
4	5	6	7	8	9	10
11	12	13	14	15	16	17
18	19	20	21	22	23	24
25	26	27	28	29	30	

11 November

M	T	W	T	F	S	S
		1	2	3	4	5
6	7	8	9	10	11	12
13	14	15	16	17	18	19
20	21	22	23	24	25	26
27	28	29	30			

MON	TUE	WED	THU
30 十六	31 十七	1 十八	2 十九
6 廿三	7 廿四	8 立冬	9 廿六
13 初一	14 初二	15 初三	16 初四
20 初八	21 初九	22 小雪	23 十一
27 十五	28 十六	29 十七	30 十八

11

FRI	SAT	SUN
3 二十	4 廿一	5 廿二
10 廿七	11 廿八	12 廿九
17 初五	18 初六	19 初七
24 十二	25 十三	26 十四

11

November
2023

10 October

M	T	W	T	F	S	S
						1
2	3	4	5	6	7	8
9	10	11	12	13	14	15
16	17	18	19	20	21	22
23	24	25	26	27	28	29
30	31					

12 December

M	T	W	T	F	S	S
				1	2	3
4	5	6	7	8	9	10
11	12	13	14	15	16	17
18	19	20	21	22	23	24
25	26	27	28	29	30	31

MON	TUE	WED	THU
27 十五	28 十六	29 十七	30 十八
4 廿二	5 廿三	6 廿四	7 大雪
11 廿九	12 三十	13 初一	14 初二
18 初六	19 初七	20 初八	21 初九
25 十三 行憲紀念日	26 十四	27 十五	28 十六

FRI	SAT	SUN
1 十九	2 二十	3 廿一
8 廿六	9 廿七	10 廿八
15 初三	16 初四	17 初五
22 冬至	23 十一	24 十二
29 十七	30 十八	31 十九

12
December
2023

11 November

M	T	W	T	F	S	S
		1	2	3	4	5
6	7	8	9	10	11	12
13	14	15	16	17	18	19
20	21	22	23	24	25	26
27	28	29	30			

1 January

M	T	W	T	F	S	S
1	2	3	4	5	6	7
8	9	10	11	12	13	14
15	16	17	18	19	20	21
22	23	24	25	26	27	28
29	30	31				

 料 理 名 稱

 準 備 食 材

順序	步驟	作法 & 筆記

 料 理 名 稱

 準 備 食 材

順序	步驟	作法 & 筆記

 料 理 名 稱

 準 備 食 材

順序	步驟	作法 & 筆記

 料 理 名 稱

 準 備 食 材

順序	步驟	作法 & 筆記

 料 理 名 稱

 準 備 食 材

順序	步驟	作法 & 筆記

 料理名稱

 準備食材

順序	步驟	作法 & 筆記

料 理 名 稱

準 備 食 材

順序	步驟	作法 & 筆記

料 理 名 稱

準 備 食 材

順序	步驟	作法 & 筆記

 料 理 名 稱

 準 備 食 材

順序	步驟	作法 & 筆記

 料 理 名 稱

 準 備 食 材

順序	步驟	作法 & 筆記

 料理名稱

 準備食材

順序	步驟	作法 & 筆記

料 理 名 稱

準 備 食 材

順序	步驟	作法 & 筆記

料 理 名 稱

準 備 食 材

順序	步驟	作法 & 筆記

COOKING NOTE

 料 理 名 稱

 準 備 食 材

順序	步驟	作法 & 筆記

COOKING NOTE

 料 理 名 稱

 準 備 食 材

順序	步驟	作法 & 筆記

料 理 名 稱

準 備 食 材

順序	步驟	作法 & 筆記

🔍 料理名稱

✏️ 準備食材

順序	步驟	作法 & 筆記

 料 理 名 稱

 準 備 食 材

順序	步驟	作法 & 筆記

 料 理 名 稱

 準 備 食 材

順序	步驟	作法 & 筆記

 料 理 名 稱

 準 備 食 材

順序	步驟	作法 & 筆記

 料 理 名 稱

 準 備 食 材

順序	步驟	作法 & 筆記

 料 理 名 稱

 準 備 食 材

順序	步驟	作法 & 筆記

 料 理 名 稱

 準 備 食 材

順序	步驟	作法 & 筆記

 料 理 名 稱

 準 備 食 材

順序	步驟	作法 & 筆記

 料 理 名 稱

 準 備 食 材

順序	步驟	作法 & 筆記

 料 理 名 稱

 準 備 食 材

順序	步驟	作法 & 筆記

 料理名稱

 準備食材

順序	步驟	作法 & 筆記

 料 理 名 稱

 準 備 食 材

順序	步驟	作法 & 筆記

 料 理 名 稱

 準 備 食 材

順序	步驟	作法 & 筆記

COOKING NOTE

 料 理 名 稱

 準 備 食 材

順序	步驟	作法 & 筆記

中式點心料理 藍天老師

職人手札

2022-2023
COOKING NOTE

作　　者　陳聖天 (藍天老師)
總 編 輯　薛永年
美術總監　馬慧琪
文字編輯　董書宜
美術編輯　黃頌哲
攝　　影　王隼人

出 版 者　優品文化事業有限公司
　　　　　電話：(02)8521-2523 / 傳真：(02)8521-6206
　　　　　信箱：8521service@gmail.com (如有任何疑問請聯絡此信箱洽詢)
　　　　　網站：www.8521book.com.tw

印　　刷　鴻嘉彩藝印刷股份有限公司

業務副總　林啟瑞 0988-558-575

總 經 銷　大和書報圖書股份有限公司
　　　　　地址：新北市新莊區五工五路 2 號
　　　　　電話：(02)8990-2588 / 傳真：(02)2299-7900

網路書店　www.books.com.tw 博客來網路書店

出版日期　2022 年 1 月
版　　次　一版一刷
定　　價　150 元

上優好書網　　LINE 官方帳號　FB 粉絲專頁　YouTube 頻道